감수

오야마 미츠하루

고등학교 물리교사, 치바현립 현대산업과학관 상석연구원 등을 거쳐, 현재 치바현 종합교육센터에서 주임지도주사로, 과학교육 커리큘럼 개발과 과학기술교육지도를 담당하고 있어요. 일본에서 출간된 책으로 《가정에서 즐기는 과학의 실험》, 《즐거운 과학 실험》, 《우리 주변의 도구로 대실험》 등이 있어요.

류제정

대학교에서 생물, 환경, 초등교육을 공부했고 대학원에서 과학영재교육을 전공했어요. 현재 동두천 신천초등학교 과학교사로 어린이들을 가르치고 있어요. 지은 책으로 《맛있는 과학교과서(생물)》, 《초등 생물 생생교과서》가 있으며, 주말에는 과천과학관에서 기초과학반 강사로 활동하고 있어요.

옮김

고선윤

서울대학교 동양사학과를 졸업했고, 한국외국어대학교에서 일어일문학 문학박사 학위를 받았어요. 현재 백석예술대학 외국어학부 겸임교수로 대학생들을 가르치고 있어요. 번역한 책으로 《3일 만에 읽는 동물의 수수께끼》, 《해마》, 《세상에서 가장 쉬운 철학책》 등이 있어요.

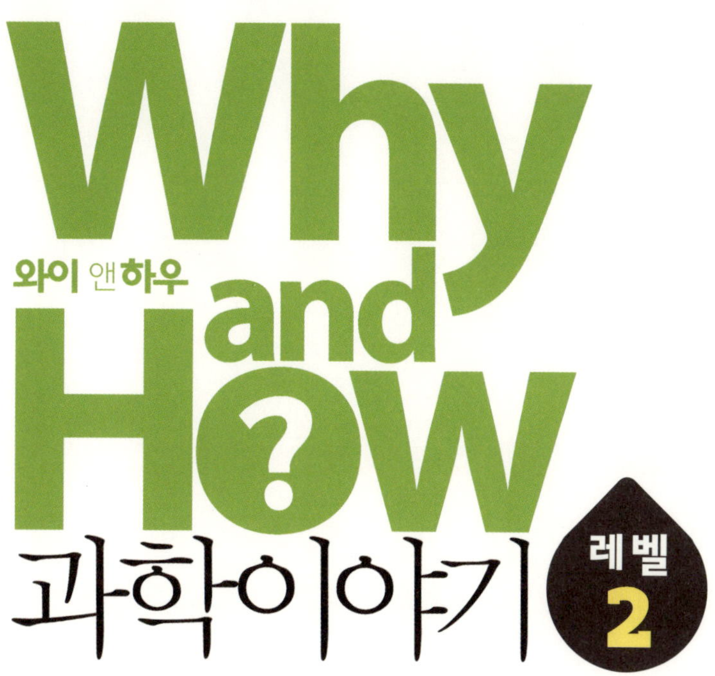

Why and How?

와이 앤 하우

과학이야기

레벨 2

글 코스모피아 외 | 옮김 고선윤 | 감수 오야마 미츠하루 외 · 류제정 | 그림 이태영

서울문화사

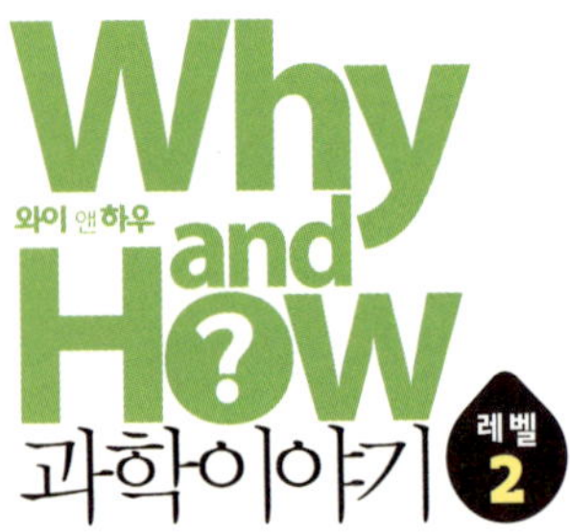

1판 1쇄 인쇄 | 2012년 1월 5일
1판 1쇄 발행 | 2012년 1월 15일
글 | 코스모피아 외
그림 | 이태영
감수 | 오야마 미츠하루 외, 류제정
옮김 | 고선윤
발행인 | 유승삼
편집인 | 이광표
편집팀장 | 최원영
편집 | 이은정 배선임 이희진 박수정 박주현 오혜환
라이츠 담당 | 유재옥
마케팅 담당 | 홍성현
제작 담당 | 이수행 김석성
발행처 | 서울문화사
등록일 | 1988.2.16
등록번호 | 제2-484
주소 | 140-737 서울특별시 용산구 한강로2가 2-35
전화 | 7910-0754(판매) 799-9194(편집)
팩스 | 749-4079(판매)
출력 | 지에스테크
인쇄처 | 서울교육
표지 및 본문 디자인 | design86
ISBN 978-89-263-9183-9
　　　978-89-263-9181-5(세트)

Naze? Doshite? Kagaku no Ohanashi 2nen-sei ⓒGAKKEN Education Publishing 2009
First published in Japan 2009 by Gakken Education Publishing Co. , Ltd. , Tokyo
Korean translation rights arranged with Gakken Education Publishing Co. , Ltd.

학부모님께

치바현 종합교육센터 | 오야마 미츠하루

우리의 미래를 책임질 어린이들에게 '살아가는 힘'을 가지게 하고 싶습니다. 살아가는 힘이란 어떤 힘일까요?

어린이들은 공부를 시작하면서 여러 가지 것들에 대한 흥미의 폭이 넓어졌을 것입니다. 그리고 또 한편으로는 선생님이나 부모님으로부터 배울 수 없는 여러 가지 '의문'들이 마음속에 쌓였을 것입니다. 학교에서 배운 지식만이 아니라 자신이 가진 의문이나 수수께끼, 신기하다고 생각한 것들을 직접 책을 읽고 조사하거나 실험을 통해서 알아가는 힘이 바로 '살아가는 힘'입니다.

이 책은 벌레를 잡거나 식물을 기르는 등 과학적인 것은 좋아하지만 방에서 책을 보는 것은 싫다는 어린이들을 위해서 만들었습니다. 반대로 독서는 좋아하지만 과학에는 흥미가 없다는 어린이들도 재미있게 읽을 수 있도록 편집했습니다. 어린이들의 지식 성장에 맞추어서 우리 주변의 생물이나 음식에서 시작해서 지구와 우주까지 시야를 넓혔습니다. 질문의 선택이나 이해 정도도 레벨 1보다 조금 더 자세하게 설명했습니다. 또한 노벨상을 만든 알프레드 노벨과 노벨상을 두 번이나 수상한 마리 퀴리의 전기를 실었습니다.

이 책을 읽은 어린이들이 '그렇구나!' 하고 이해하는 것이 아니라, 일상생활에서 보거나 들은 것에 대해서 스스로 생각하고 답을 구하는 기쁨을 체험하기 바랍니다. 그리고 자신과 지구의 미래를 개척할 '살아가는 힘'이 조금이라도 이 책을 통해서 자라기 바랍니다.

이 책의 특징

〈Why and How 과학이야기〉는 어린이들이 궁금해 하는 과학적 내용을 주제별로 나누어 1~3 페이지로 구성하여 하루 10분 책 읽기를 생활화할 수 있도록 만들었어요.

1 1~6단계 수준별 구성

과학적 호기심을 키우는 질문과 답이 1~6단계 수준으로 구성되어 있어, 어린이 수준에 맞는 과학 지식을 체계적으로 쌓을 수 있어요. 뿐만 아니라 본문 글자의 크기와 글의 양을 수준별로 차별화하여, 단계적으로 학습량을 늘릴 수 있어요.

〈Why and How 과학이야기〉
1 ~ 6권

레벨 1 에서는 고양이 혀의 구조와 역할을 쉽고 재미있게 풀이했어요.

레벨 2 에서는 레벨 1의 고양이 혀의 구조·역할과 연계하여 '고양이가 혀로 털을 핥는 이유'를 풀이했어요.

위와 같이 [레벨 1]에서 [레벨 2]로 이어진 내용을 읽다 보면 과학 지식을 체계적으로 쌓을 수 있어요.

2 분야별 내용 구성과 과학 핵심 단어 선정

과학 이야기를 우리 몸, 생물, 음식과 생활, 지구와 우주 4가지 분야로 나누어 과학의 전문성을 높였어요. 또 어린이들이 꼭 알아야 할 내용은 핵심 단어를 선정하고 강조하여 책을 읽으면서 과학 지식을 자연스럽게 학습할 수 있어요.

색다른 3가지 과학 코너

알면 알수록 신기한 '놀라운 과학', 쉽게 할 수 있는 '신나는 과학 실험', 과학적 호기심과 창의력으로 성공한 '위대한 과학 위인' 등 색다른 3가지 과학 코너를 통해 과학 학습의 재미를 한층 높였어요.

마리 퀴리

알프레드 노벨

만화 캐릭터 & 일러스트

재미있는 만화 캐릭터와 핵심적 특징을 잘 표현한 일러스트가 각 페이지마다 내용과 잘 어우러져 있어서 어린이들이 흥미롭고 재미있게 글을 읽으며 과학과 쉽게 친해질 수 있어요.

목차

1 우리 몸

눈썹은 왜 있을까? ………… 14

손톱은 왜 자랄까? ………… 16

똥은 왜 갈색일까? ………… 18

모기에게 물리면 왜 가려울까? ………… 21

딸꾹질은 왜 할까? ………… 23

감기에 걸렸을 때 콧물은 왜 나올까? ………… 26

단것을 먹으면 왜 충치가 생길까? ………… 28

햇볕에 타면 피부는 왜 검게 될까? ………… 30

놀라운 힘의 비밀, '중심' ………… 33

2 생물 1

고양이는 왜 자신의 털을 핥을까? ………… 38
개의 코는 왜 항상 젖어 있을까? ………… 40
나무늘보는 정말 게으름뱅이일까? ………… 41
공룡은 어떻게 태어났을까? ………… 44
펭귄은 추운 곳에서 어떻게 살 수 있을까? ………… 47
카멜레온은 왜 몸의 색깔이 바뀔까? ………… 49
금붕어를 수돗물에 넣으면 왜 죽을까? ………… 51
문어와 오징어는 왜 먹물을 뿜을까? ………… 53

놀라운 과학
거대한 새 ………… 55

3 생물 2

반딧불이는 왜 꼬리에서 반짝이는 빛을 낼까? ………… 60
개미지옥은 왜 생겼을까? ………… 62
곤충은 어떻게 숨을 쉴까? ………… 64
벌레를 잡아먹는 식물이 있을까? ………… 66
식물의 잎은 왜 녹색일까? ………… 69
꽃은 왜 필까? ………… 71
식물도 숨쉬기를 할까? ………… 73

신나는 과학 실험 ❷
야채 꽁다리 키우기 ………… 75

4 음식과 생활

우유는 어떻게 요구르트로 변할까? ………… 80
껌은 어떻게 만들까? ………… 82
무거운 철로 만든 배가 어떻게 물에 뜰까? ………… 84
비누를 사용하면 왜 깨끗해질까? ………… 86
겨울이 되면 왜 정전기가 많이 생길까? ………… 88
빛은 얼마만큼 빠를까? ………… 90
뢴트겐 사진으로 어떻게 뼈를 찍을 수 있을까? ………… 92

위대한 과학 위인 ❶

2번의 노벨상을 받은 여성 과학자

마리 퀴리(1867~1934) ………… 95

5 지구와 우주

구름은 어떻게 만들어질까? ………… 104
벼락은 어떻게 칠까? ………… 106
'산성비'는 무엇일까? ………… 109
화산은 왜 분화할까? ………… 111
지진은 왜 일어날까? ………… 113
우주에서는 왜 우주복을 입을까? ………… 116
외계인은 정말 있을까? ………… 119

위대한 과학 위인 ❷

세계의 평화를 위해 만든 노벨상

알프레드 노벨(1833~1896) ………… 121

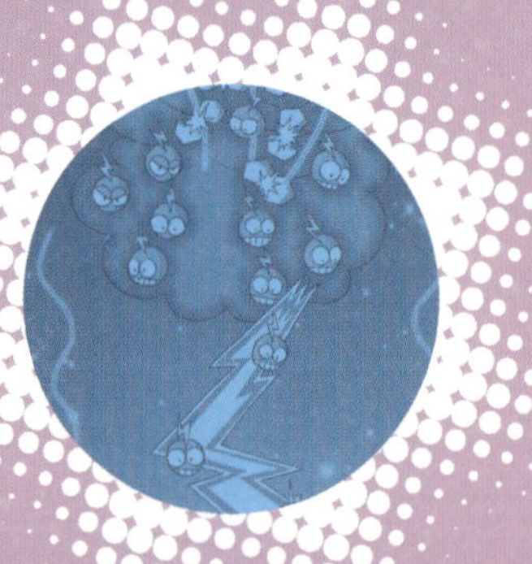

우리 몸

눈썹은 왜 있을까?

눈썹의 모양이나 굵기는 사람에 따라 달라요. 어른들 중에는 눈썹 모양을 다듬거나 그리는 사람도 있어요.

눈썹의 **털**은 왼쪽과 오른쪽 합해서 약 1,300여 개라고 해요. 다른 털과 마찬가지로 눈썹의 털은 조금씩 자란답니다. 그리고 3~4개월이 지나면 털이 빠지고, 그 자리에 다시 털이 나기 때문에 항상 짧아요.

그런데 눈썹은 왜 있을까요?

운동을 하면 이마에 땀이 납니다. **땀**이 눈에 들어가면 불편하겠지요? 다행히 눈썹이 있어서 이마에서 떨어지는 땀은 눈썹을 따라서 얼굴 양쪽으로 흘러내려요.

땀이 눈에 들어가는 것을 눈썹이 막는 거지요. 또한 햇빛이 눈부실 때, 우리는 자연히 얼굴을 찡그려서 눈썹이 더 앞으로 나오게 해요.

눈썹은 눈 위에 있는 작은 양산이라고 할 수 있어요. 그래서 햇빛을 가리고 강한 햇살로부터 눈을 보호한답니다. 이렇게 눈썹은 땀이나 햇빛으로부터 눈을 지키는 일을 해요.

손톱은 왜 자랄까?

손톱은 피부가 딱딱해져 생긴 거예요. 딱딱한 손톱은 약한 손가락 끝을 지키는 중요한 일을 하지요. 물건을 잡거나 피아노를 칠 수 있는 것도 손가락 끝에 힘을 전달할 수 있는 손톱이 있기 때문이에요.

　손톱이 오래되어서 상처를 입거나 깨지면 손가락 끝을 지킬 수가 없어요. 그렇기 때문에 손톱은 매일 조금씩 자란답니다.

　손톱은 10일에 1밀리미터, 한 달에 약 3밀리미터 정도 자라요. 새로운 손톱은 손톱 뿌리 부분에서 매일 만들어 져요. 그리고 손가락 끝 쪽으로 올라가지요.

　손톱이 자라나서 너무 길어지면, 잘 깨지기도 하고 벗겨 져 떨어지기도 해요. 또한 손톱 안에는 때가 잘 끼게 되지요. 그래서 손톱이 너무 길게 자라지 않도록 가끔 깎아 줘야 해요. 손톱을 깎는 일은 중요해요.

똥은 왜 갈색일까?

우리들이 먹은 것은 입에서 엉덩이에 있는 항문까지, 어린이의 경우 보통 약 7미터의 길을 달려서 똥이 된답니다.

음식이 똥이 될 때까지를 살펴볼까요.

입 안에서 잘게 만들어진 음식물은 목구멍을 지나서 뱃속의 '위' 주머니에 들어가요. 위에 들어간 음식물은 위산과 섞여 걸쭉하게 되어서 소장으로 가고, 소장은 음식물의 영양분을 흡수하지요.

마지막으로 대장에서는 수분이 흡수되고 남은 찌꺼기는 똥이 되어서 항문을 통해 몸 밖으로 나가요.

그런데 똥은 왜 갈색일까요?

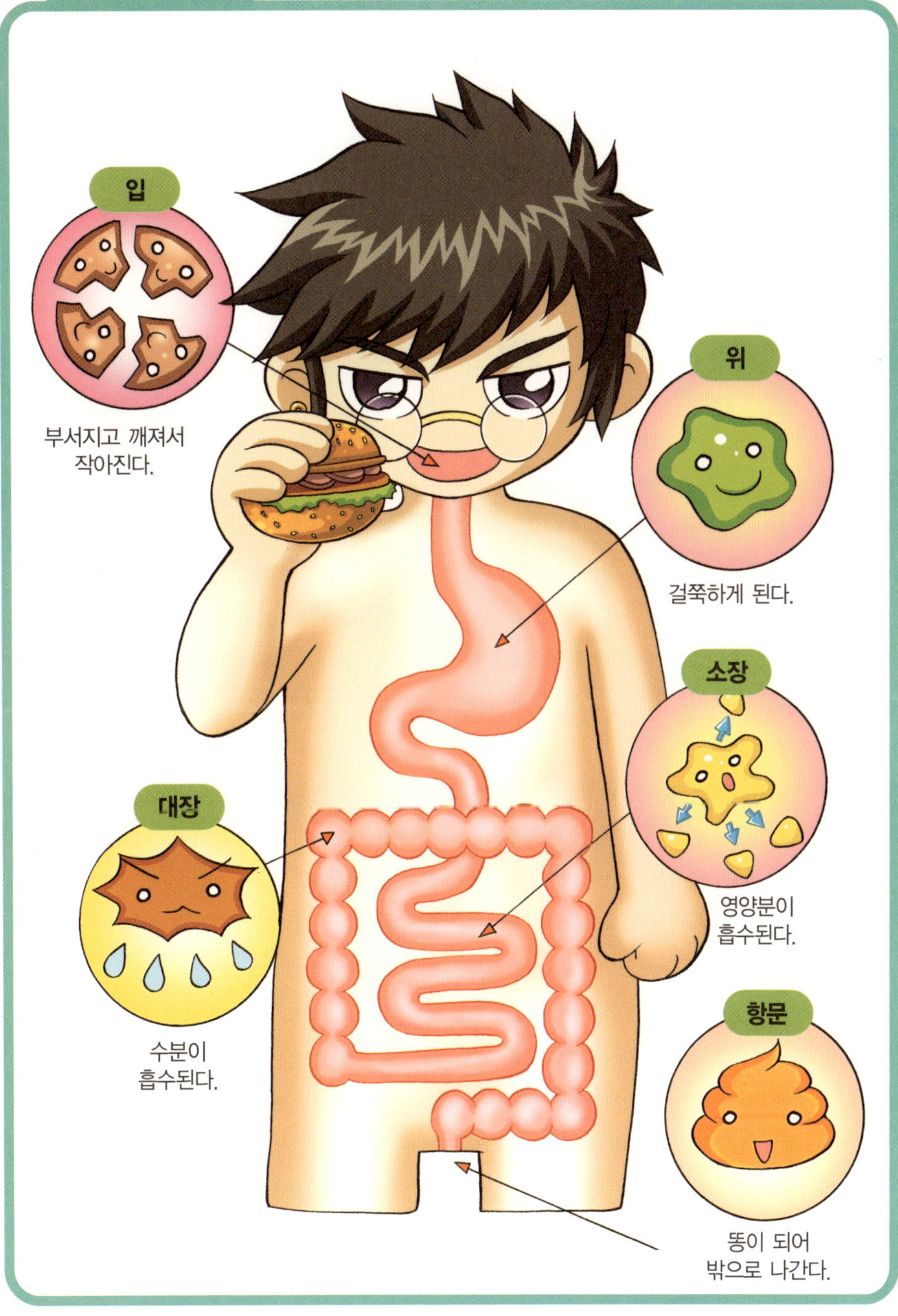

입
부서지고 깨져서
작아진다.
위
걸쭉하게 된다.
소장
영양분이
흡수된다.
대장
수분이
흡수된다.
항문
똥이 되어
밖으로 나간다.

　소장에서는 영양분을 잘 흡수하기 위해서 담즙이라는 액을 분비해서 음식물과 섞어요. 담즙은 원래 노란색인데 소장 안에서 갈색으로 변해요. 똥은 이 담즙 때문에 갈색이 된 거예요.

　똥이 갈색인 것은 건강하다는 증거가 되기도 해요.

　만약 똥색이 평소와 다르다면 건강에 이상이 없는지 살펴보는 것이 좋아요.

모기에게 물리면 왜 가려울까?

　모기를 발견하고 탁 때렸을 때, 손에 피가 묻은 적이 있나요? 이것은 모기가 우리들의 피를 빨아 먹었기 때문이에요.

　모기 입은 날카로운 바늘과 같이 뾰족한데, 사람이나 동물의 피부를 찌르고 피를 빨아 먹어요. 하지만 모기의 바늘은 매우 가늘기 때문에 피부가 찔려도 아프지는 않아요.

　하지만 모기에게 물리면 가려워요. 왜 가려울까요?

　피는 몸 밖으로 나와서 공기와 만나면 굳어요. 그래서 모기는 피가 잘 굳지 않게 하는 액을 바늘을 통해서 보내요. 이 액이 피부에 들어가면 점점 가려워지고 빨갛게 부어올라요.

　모든 모기가 사람의 피를 먹고 살지는 않아요. 꽃의 꿀이나 풀, 나무의 단액 등을 먹거든요. 하지만 암컷 모기는 사람의 피를 빨아 먹어요. 암컷 모기는 알을 키우는데 사람의 피를 사용한답니다.

급하게 뭔가를 먹거나 깜짝 놀랐을 때 '딸꾹딸꾹' 하는 딸꾹질이 나와요. 딸꾹질을 빨리 멈추게 하고 싶지만 잘 멎지 않을 때가 많아요.

딸꾹질은 왜 하게 되는지 알아볼까요?

우리 몸을 보면 배꼽 조금 위에, 가슴 부분과 배 부분으로 나누는 '횡격막' 이라는 근육이 있어요. 우리 몸은 평소에 횡격막을 올리고 내려서 가슴에 있는 폐를 부풀리기도 하고

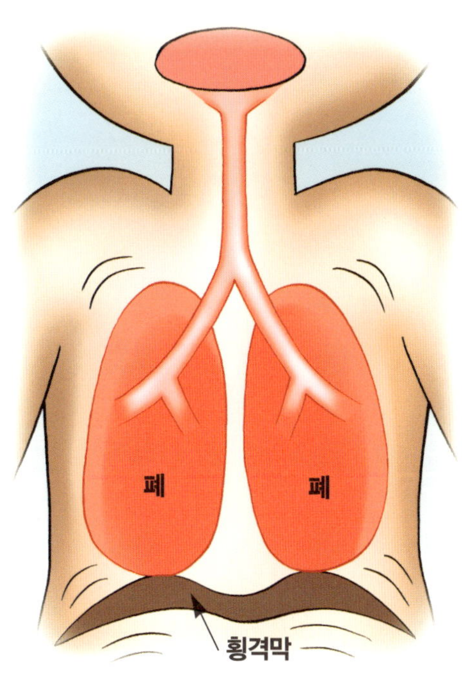

움츠리기도 해요.

　이렇게 해서 우리들은 숨을 들이마시고 내쉰답니다. 횡격막이 뭔가의 계기로 갑자기 늘어나거나 줄어들게 되면 딸꾹질을 하게 돼요. 이때 갑자기 들이마신 숨이 목구멍 안에 있는 성대를 지나 '딸꾹' 소리를 내는 것이지요.

딸꾹질은 시간이 지나면 자연히 멈춰요. 만약 딸꾹질을 빨리 멈추게 하고 싶다면 숨을 들이마신 채 잠시 멈추거나, 등을 두들겨 보세요. 또한 차가운 물을 마시는 것도 좋아요.

성대

딸꾹질을 멈추게 하는 방법

① 물을 마신다.

② 등을 두들긴다.

③ 숨을 참는다.

④ 깜짝 놀라게 한다.

감기에 걸렸을 때 콧물은 왜 나올까?

감기에 걸리면 콧물이 많이 나와요. 콧물은 어디에서 나오는 것일까요?

코 안에는 콧구멍이라는 작은 방이 있어요. 이 방은 끈적끈적한 액체로 덮여서 항상 축축해요. 공기와 함께 들이마신 먼지와 병의 원인이 되는 세균과 바이러스는 이 끈적끈적한 액체에 달라붙어서 몸 밖으로 나가요.

감기에 걸리면 코에서 평소보다 끈적끈적한 것이 많이 나와요. 감기의 원인이 되

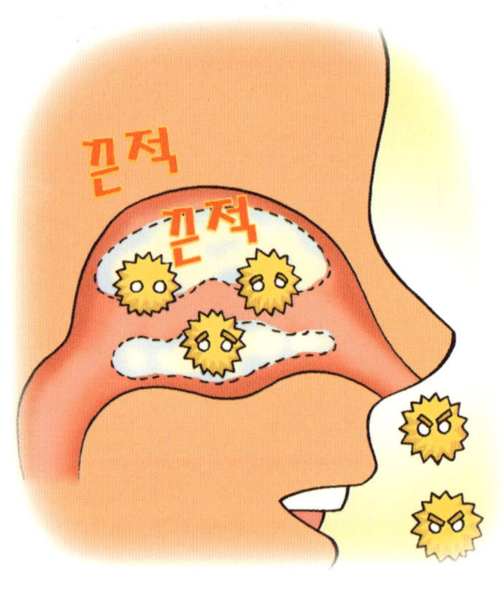

는 바이러스의 사체 등을 끈적끈적한 액체에 묻혀서 코 밖으로 씻어내는 거랍니다. 이것이 콧물이에요.

　그런데 울 때도 콧물이 날 때가 있어요. 왜냐하면 코와 눈은 이어져 있거든요. 눈물이 많이 나면 코와 눈을 연결하는 관을 지나서, 눈물이 코에서도 나온답니다.

단것을 먹으면 왜 충치가 생길까?

충치가 생겨서 이에 구멍이 생기면 욱신거리고 아파요. 충치는 뮤탄스균이라는 눈에 보이지 않는 작은 입 안의 세균 때문에 이가 녹는 병이에요. 뮤탄스균은 우리 입속에 남은 음식 찌꺼기를 먹이로 해요. 특히 설탕 등 단것을 많이 좋아하지요.

이에 단것이 붙어 있으면 거기에 세균이 많아져요. 세균이 단것을 먹고 만들어내는 물질이 이를 녹여요.

그래서 충치가 생기지 않도록 이를 잘 닦아서 음식 찌꺼기를 깨끗이 없애는 일이 중요해요. 이는 음식을 씹는 중요한 일을 하잖아요.

만약 충치가 생겼다면 겁내지 말고 치과에 가는 게 제일 좋아요. 우리에게 중요한 이를 보호할 수 있는 가장 좋은 방법이거든요.

햇볕이 따가운 여름, 수영장에서 놀거나 밖에서 운동을 하면 햇볕에 그을려서 피부가 점점 검게 변해요. 피부가 검게 변하는 까닭은 피부 안에 **멜라닌 색소**라는 짙은 갈색 알갱이가 생겼기 때문이에요.

그렇다면 멜라닌 색소는 왜 생길까요? 햇볕에는 몸에 나쁜 영향을 줄 수 있는 **자외선**이 들어 있어요. 멜라닌 색소는 이런 자외선을 막는 선글라스와 같은 역할을 해요.

강한 햇볕을 받으면 피부 안의 색소 세포가 멜라닌 색소를 많이 만들어서 자외선이 몸 안으로 들어오는 것을 막아요. 그래서 햇볕에 오랫동안 나와 있으면 멜라닌 색소가 많이 생겨서 피부가 점점 검어지는 거예요.

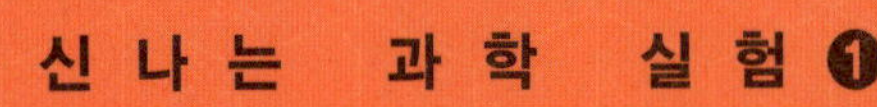

놀라운 힘의 비밀, '중심'

여러분에게 세 가지 놀라운 힘을 알려 줄게요.

첫째, 손가락 하나로 상대방을 일어나지 못하게 하는 힘이에요.

친구나 가족, 누구든지 상관이 없어요. 그 사람을 의자에 앉으라고 하세요. 그런 다음 그 사람의 이마를 손가락 하나로 가볍게 밀어 보세요. 신기하게도 그 사람은 일어설 수가 없어요. 어른이라고 해도 말이지요.

놀라운 힘의 비밀은 '중심'에 있어요. 중심은 머리 바로 밑에 있는데 앉아 있을 때는 엉덩이 쪽, 서 있을 때는 다리 쪽에 있어요. 일어설 때는 몸을 앞으로 기울여서 중심을 다리 쪽으로 옮겨야 해요. 그런데 여러분의 손가락이 이마를 밀고 있으면 중심을 옮길 수가 없어요.

둘째, 여러분이 의자에 앉으세요. 왼손과 오른손 중 어느 한 쪽 손을 머리 뒷부분에 대고, 누군가에게 손을 떼어 보라고 하세요.

어떻게 됐나요? 여러분이 힘을 크게 들이지 않아도 손은 쉽게 떨어지지 않아요.

여기에도 이유가 있어요. 머리 바로 밑에 중심이 있기 때문에 여러분의 손을 떼어 내려면 여러분의 몸을 들어 올리는 것과 같은 정도의 힘이 필요하지요.

셋째, 손도 손가락도 쓰지 않는 초능력과 같은 힘이에요.

친구에게 몸 왼쪽을 벽에 딱 대고 서게 해요. 그리고 마법사가 주문을 거는 것처럼 "오른쪽 다리가 움직이지 않는다."라고 말해요.

정말 깜짝 놀랄 일이 생겨요. 진짜로 오른쪽 다리가 움직이지 않거든요. 이것의 비밀도 중심이에요.

한쪽 다리를 올릴 때, 우리는 몸을 반대쪽으로 기울여서 중심을 잡아요. 하지만 벽에 붙어 있으면 그게 불가능해요.

중심을 잘 옮기는 것으로 사람은 서기도 하고 걷기도 하고 달리기도 해요. 여러분도 이런 놀라운 힘을 꼭 시험해 보세요.

과학 이야기　Level 02

생물 1

─ 동물 · 조류 · 어류 편 ─

고양이는 왜 자신의 털을 핥을까?

고양이가 자신의 배나 다리를 할짝할짝 핥고, 앞다리로 얼굴을 쓰다듬는 모습을 자주 볼 수 있어요. 고양이는 하루에도 몇 번이나 자신의 털을 핥아요.

왜 그럴까요?

고양이가 털을 핥는 가장 큰 이유는 먹이를 먹은 다음 뒤처리를 하는 거예요. 수염이나 몸의 털에 붙은 더러운 먼지 등을 없애고, 털을 깨끗하게 하기 위해서지요.

털을 정리해 두면 몸에 조금이라도 뭔가가 묻었을 때 금방 알 수 있

거든요. 그래서 곁눈질을 하고 걷더라도 사물에 부딪히지 않고 걸을 수 있어요.

또한 몸에 붙은 벼룩 등의 벌레를 핥아서 제거할 수도 있어요. 더울 때나 추울 때는 털을 핥아서 몸의 온도를 조절해요. 추울 때에도 털을 핥는 것은, 털을 푹신푹신하게 만들어 그 안에 따뜻한 공기를 모으기 위해서랍니다.

이 밖에도 고양이는 자신의 기분을 가라앉히기 위해서 핥는다고 해요.

개도 사람과 마찬가지로 코로 냄새를 맡아요. 사람의 코는 촉촉하지 않은데 개 코는 왜 늘 촉촉할까요? 사실 사람도 코 안은 촉촉해요. 거기에 냄새 알갱이가 달라붙어서 냄새를 느끼는 거예요. 개는 코 안 부분이 바깥으로 나와 있는 셈이에요.

그래서 냄새 알갱이가 잘 달라붙어서 약한 냄새도 맡을 수가 있고, 냄새가 전해 오는 방향도 잘 알 수 있어요. 개가 냄새를 맡는 힘은 놀랍게도 사람의 100만 배나 된다고 해요. 그래서 개는 멀리 있는 음식의 냄새나 동료 개가 남긴 냄새를 맡을 수 있어요. 냄새로 범인을 찾는 경찰견이나 재난으로 건물에 깔린 사람 등을 찾아내는 구조견 등 개는 뛰어난 코를 이용해서 많은 활약을 하고 있어요.

나무늘보는 정말 게으름뱅이일까?

나무늘보는 중앙·남아메리카의 정글에 사는 동물로, 하루의 대부분을 높은 나뭇가지에 매달려 잠을 자요. 그래서 사람들은 나무늘보를 게으름뱅이로 생각하지요.

나무늘보는 정말 게으름뱅이일까요? 나무늘보의 생활을 살펴봐요.

나무늘보는 앞다리에 있는 갈고리 모양의 긴 발톱을 나뭇가지에 걸고 항상 나무에 매달려 있어요. 음식을 먹을 때나 잠을 잘 때도 같은 모습으로 나무에 매달려 있어요. 나무늘보는 밤이 되면 나무 위의 잎이나 싹, 열매 등

을 따서 먹어요.

　나무늘보는 움직일 때도 천천히 움직여요. 그래야만 먹은 나뭇잎을 천천히 소화할 수 있거든요. 나무늘보는 몸의 근육이 다른 동물의 반 정도밖에 없어서 활발하게 움직일 수가 없어요. 적은 에너지로 살아갈 수 있는 몸을 가졌지요.

　나무늘보는 몸을 너무 움직이지 않기 때문에 털에 이끼가 끼기도 해요. 이끼가 끼면 몸이 녹색으로 변하지요. 그래서 정글 속에 살아도 재규어나 독수리 등의 적에게 잘

발견되지 않고 안전하게 숨어 지
낼 수 있어요.

　이런 나무늘보도 1주일에 한
번 정도는 나무에서 내려와
요. 왜냐하면 똥을 누기
위해서예요.

　나무늘보는 나무 뿌
리 부분에 꼬리로 얕은 구멍을 파고 똥을 눈 다음 낙엽으
로 덮어요. 나무늘보의 똥은 거름이 되어서 소중한 나무
가 튼튼하게 자라도록 해요.

　나무늘보는 느리게 살고 있지만 게으름뱅이는 아닌 것
같아요.

공룡은 어떻게 태어났을까?

육상에서 살아온 동물 가운데 가장 큰 동물이 바로 공룡이에요. 공룡의 크기는 종류에 따라 달라요. 하지만 가장 큰 공룡은 머리에서 꼬리까지 길이가 40미터 이상이고, 무게는 100톤 이상이었다고 헤요.

하지만 아무리 큰 공룡이라고 해도 물고기나 새와 마찬가지로 알에서 태어났어요.

공룡은 약 2억5천만 년 전부터 6천5백만 년 전에 살았던 동물이에요. 하지만 지금은 멸종해서 볼 수가 없어요.

그런데 공룡이 알에서 태어났다는 사실을 어떻게 알았을까요?

바로 공룡의 알 화석이 발견되었기 때문이에요. 화석은 아주 오래된 생물의 뼈나 발자국, 알 등이 돌이 되어서 남은 거예요.

공룡의 알 화석은 미국, 중국, 프랑스, 남아프리카 등 세계 여러 곳에서 발견되었어요. 알 모양은 다양한데 공처럼 동그란 모양과 가늘고 긴 캡슐 모양의 알이 발견되었어요.

공룡의 크기를 생각한다면 공룡의 알도 1미터 이상으로 무척 크다고 생각할 거예요. 하지만 공룡의 알은 배구공이나 럭비공 정도의 크기로 별로 크지 않았어요. 미국에서 마이아사우라라는 공룡의 알이 여러 개 들어 있는 둥지 화석이 발견되었어요.

발견된 화석을 보면 마이아사우라는 집단적으로 모여 둥지를 틀고 알에서 깨어난 새끼를 돌보았다고 생각돼요.

펭귄은 추운 곳에서 어떻게 살 수 있을까?

아델리펭귄이나 코티펭귄(황제펭귄)은 남극 대륙과 그 부근의 섬에서 살아요. 남극 대륙은 1년 내내 얼음으로 덮여 있고, 겨울에는 기온이 마이너스 20도나 돼요. 이곳에서 살 수 있는 동물은 펭귄과 바다표범 정도지요.

이렇게 추운 곳에서 펭귄이 어떻게 살 수 있는 걸까요? 그 비밀을 살펴봐요.

혹시 동물 깃털로 만든 이불을 덮은 적이 있나요? 깃털로 만든 이불은 푹신푹신해서 겨울의 추운 날에도 따뜻하지요.

펭귄의 몸은 짧고 부드러운 깃털로

덮여 있어요. 이런 폭신한 깃털 틈새에는 체온으로 데워진 공기가 모여 있어서 바깥의 차가운 공기는 들어오지 못해요. 그래서 펭귄의 몸은 따뜻하답니다.

펭귄의 부드러운 깃털 위에는 딱딱한 날개가 있어서 차가운 물이 들어가는 것을 막을 수 있어요. 그래서 펭귄은 남극의 차가운 바다 안을 아무렇지도 않게 헤엄칠 수 있어요.

또한 펭귄의 땅딸막한 몸에도 비밀이 있어요. 펭귄은 피부 밑에 두꺼운 지방을 갖고 있답니다. 이 지방이 몸 안의 열이 달아나는 것을 막기 때문에 체온을 항상 38노 정노로 유지해요.

하지만 펭귄들도 강한 눈보라가 몰아칠 때에는 무리로 모여서 서로 몸을 맞대고 추위로부터 몸을 보호해요.

카멜레온은 왜 몸의 색깔이 바뀔까?

카멜레온은 변신을 잘해요. 몸의 **색깔**이 바뀌기 때문에 적으로부터 자신의 모습을 숨길 수 있어요. 볕이 드는 밝은 나무 위에서는 녹황색, 그늘의 어두운 곳에서는 검은색으로 변해요.

카멜레온은 움직이지 않고 가만히 있으면 새와 같은 적으로부터 발견되지 않아요. 뿐만 아니라 모르고 다가온 벌레 등을 긴 혀로 잡아먹을 수도 있어요.

그렇다면 카멜레온은 왜 몸의 색깔이 바뀔까요?

이것은 사람의 몸이 햇볕에 그을리는 것과 비슷해요. 카멜레온의 피부 안에는 색을 가진 **색소 세포**가 많이 있어

요. 피부에 닿는 빛의 세기나 색에 따라 색소 세포의 모양
이나 크기가 바뀌어 몸의 색깔이 바뀌어요.

또한 카멜레온은 화를 내거나 흥분해도 색깔이 바뀌어요.

하지만 카멜레온이 자신이 원하는 색깔로 몸의 색깔을
바꾸는 것은 아니에요.

▶ 정답은 52쪽에서 확인하세요.

금붕어를 수돗물에 넣으면 왜 죽을까?

가게에서 산 금붕어나 연못에서 잡은 가재를 깨끗한 수돗물에 넣으면 어떻게 될까요? 금붕어나 가재는 며칠 만에 죽어 버려요.

왜냐하면 수돗물에는 염소가 들어 있거든요. 염소는 세균을 죽이기 위한 약이랍니다.

수영장에 가면 코를 찌르는 냄새가 나지요. 바로 염소의 냄새예요. 수돗물에 들어 있는 염소는 금붕어나 가재 등 물에 사는 생물들에게 매우 위험한 물질이에요. 금붕어와 가재는 아가미로 물속의 산소를 몸속으로 들이마셔요.

염소는 이 중요한 아가미에 상처를 입히는데, 아가미가 상처를 입으면 숨을 쉴 수 없어서 죽게 돼요.

수돗물의 염소는 햇볕이 좋은 곳에 하루 정도 두면 없어져요.

염소가 없는 수돗물은 금붕어나 가재에게 안전한 물이 되지요.

▶ 50쪽 정답

문어와 오징어는 왜 먹물을 뿜을까?

문어와 오징어는 새까만 먹물을 뿜어요. 먹물을 뿜는 까닭은 큰 물고기 등 적으로부터 달아나기 위해서지요.

문어나 오징어는 몸속에 **먹물 주머니**가 있어서 먹물을 만들고 저장합니다. 그리고 적을 만나면 깔때기처럼 생긴 입에서 한번에 뿜어요.

그렇다면 문어나 오징어는 어떻게 먹물을 뿜고 적으로부터 달아날까요?

문어의 먹물은 끈적거림이 적어서 물속에서 검은 연기처럼 퍼져요. 이

때 적의 눈에서 모습을 감춰요. 마치 마술사가 연막을 쳐

서 사라지는 것과 같아요.

오징어의 먹물은 끈기가 많아서 물속에서 검은 덩어리

가 돼요. 적이 먹물에 한눈을 파는 사이에 재빨리 달아나

요. 이건 미끼 작전을 쓰는 것과 같아요.

이렇게 문어와 오징어는 같은 먹물을 뿜어도 적으로부

터 달아나는 기술은 달라요.

거대한 새

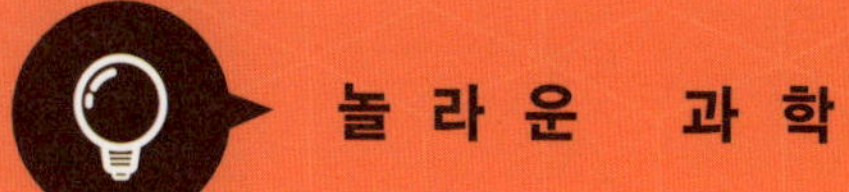

아라비아의 옛이야기인 〈신드바드의 모험〉을 읽었나요?

〈신드바드의 모험〉을 보면 신드바드가 거대한 새 '로크'의 발을 잡고 하늘을 날아서 다이아몬드 계곡으로 가요. 거대한 새 로크는 이야기 속의 새이지만 로크 새의 모델이 된 새가 실제로 있었다고 해요. 바로 아프리카 마다가스카르 섬에 살았던 '에피오르니스' 라는 새예요.

에피오르니스는 로크 새와는 달리 안타깝게도 날 수가 없었어요. 하지만 놀랍게도 키가 무려 3미터나 되고 몸무게는 450킬로그램이나 되었어요.

지금 가장 큰 새인 타조는 키가 2미터, 몸무게가 130킬로그램 정도 나가요. 에피오르니스와는 비교가 되지 않죠.

뉴질랜드에도 대단히 큰 새가 있었어요.

'모아' 라는 새인데, 에피오르니스처럼 날지 못했

어요. 특히 자이언트 모아는 에피오르니스보다 키가 커서 4미터나 됐어요. 보통 이층집 베란다까지 닿을 정도의 높이예요.

하지만 에피오르니스도 모아도 지금은 만날 수 없어요. 에피오르니스와 모아는 왜 사라졌을까요?

바로 사람들 때문이에요. 사람들이 새들이 사는 숲을 훼손해서 밭을 일구고 집을 지었거든요. 또한 새를 잡아서 먹기도 했어요. 에피오르니스와 모아는 날지 못했기 때문에, 살 곳이 없어져도 다른 섬으로 옮겨 갈 수가 없었어요.

지금으로부터 수백 년 전, 이 새들은 멸종해서 지금은 한 마리도 볼 수가 없어요.

생물2

반딧불이는 왜 꼬리에서 반짝이는 빛을 낼까?

초여름 밤, 강이나 논 근처에서 반딧불을 본 적이 있나요? 아련한 빛이 반짝였다가 없어졌다가 하는 장면은 매우 신비로워요. 반딧불은 반딧불이(개똥벌레)의 꽁무니에서 반짝이는 불빛이지요. 전구가 달려 있는 것도 아닌데 반딧불이는 어떻게 빛을 내는 것일까요?

반딧불이는 몸속에서 빛을 내는 루시페린을 만들 수가 있어요. 반딧불이는 이 루시페린을 이용해서 반짝이는 빛을 내는 것이지요.

그렇다면 반딧불이한테 반딧불은 왜 필요할까요?

　　반딧불이는 반딧불로 자신이 있는 곳을 동료들에게 알리기도 하고, 암컷과 수컷이 결혼하기 위해서 신호를 보내기도 해요.

　　반딧불을 관찰하면 반딧불이의 암컷과 수컷이 빛을 내는 방법이 달라요. 어두워져 밤이 되면 수컷 반딧불이는 빛을 내면서 날아가 암컷을 찾아요. 암컷 반딧불이는 약한 빛을 내면서 풀이나 나뭇잎 위에서 수컷이 오는 것을 기다리지요. 수컷이 암컷의 빛을 찾으면 강한 빛을 내면서 암컷에게 신호를 보내요. 이렇게 암컷과 수컷이 결혼해서, 암컷은 물가의 이끼에 알을 낳아요. 알은 작아도 빛을 낸답니다. 애벌레나 번데기일 때도 빛을 내지만 어른이 되었을 때 가장 밝은 빛을 내지요.

개미지옥은 왜 생겼을까?

　마루 밑이나 큰 나무 밑 등 비를 맞지 않는, 마른 모래 땅을 살펴보면 깔때기 모양의 구멍을 몇 개 발견할 수 있어요. 이 구멍에 개미가 한번 떨어지면 절대 나올 수가 없어요.

　개미에게 지옥과 같은 곳이라서 이 구멍을 '개미지옥' 이라고 해요. 개미지옥은 자연히 만들어진 것이 아니에요. 그렇다면 개미지옥은 누가 만들었을까요?

　개미지옥은 잠자리를 닮은 곤충인 명주

잠자리라는 곤충의 애벌레가 만든 거예요. 이 애벌레의 이름은 '개미귀신'이랍니다.

개미귀신은 구멍 안에 숨어 있다가 미끄러져 떨어지는 개미처럼 작은 곤충을 큰 턱으로 물어서 구멍 속으로 끌고 가요. 그리고 먹이의 몸속에 소화액을 넣고 근육과 내장을 녹여서 먹어요. 개미에게 개미지옥은 정말 무서운 곳이에요.

곤충은 어떻게 숨을 쉴까?

곤충의 배를 자세히 살펴보세요. 배 양쪽에 둥근 모양 같은 것이 많이 줄지어 있어요. 이것이 바로 숨구멍이에 요. 곤충은 이 숨구멍을 열고 닫아서 몸속에 공기를 들이 기도 하고 내뱉기도 해요.

곤충은 우리 인간들처럼 입이나 코로 숨을 쉬는 것이 아 니라 숨구멍을 통해서 숨을 쉬지요.

숨구멍에는 기관이 라는 숨통이 몸속으로 이어져 있어요. 긴 관 모양을 하고 있는 숨통 을 통해서 몸속 구석구

석으로 공기를 보내는 거예요.

　그런데 물속에 살고 있는 곤충들은 어떻게 숨을 쉴까요?

　물방개는 간혹 수면에 꽁무니를 내밀고 배와 날개 사이에 공기를 모아요. 장구애비는 꽁무니의 긴 관을 수면으로 내고 숨을 쉬어요.

벌레를 잡아먹는 식물이 있을까?

메뚜기나 나비의 애벌레 따위가 풀이나 나뭇잎을 먹고 있는 모습을 자주 볼 수 있어요. 그런데 반대로 벌레를 잡

아먹는 식물이 있어요. 정말 놀랍죠?

벌레를 잡아서 먹는 식물을 '식충식물'이라고 해요. 식충식물은 세계에 약 500종류가 있어요. 식충식물은 기온이 낮고 땅이 축축한 초원이나 늪지에서 살아요.

그런데 이런 곳은 땅에 영양분이 적어서 식물이 자라기 어려워요. 그래서 식충식물은 영양분을 얻기 위해 파리 등의 벌레를 잡아먹어요.

그런데 식물은 한곳에 뿌리를 내리고 있어 자유롭게 움직일 수 없어요. 어떻게 벌레를 잡을 수 있을까요?

식충식물이 벌레를 잡는 방법에는 여러 가지가 있어요.

끈끈이주걱은 끈끈이 작전을 펼쳐요. 잎에 끈끈한 액을 갖고 있어서 그 자리에 앉은 벌레를 잡는 거지요.

벌레잡이풀은 함정 작전을 펼쳐요. 항아리와 같은 모양의 잎 속에 벌레가 들어가면 절대 빠져나올 수가 없지요.

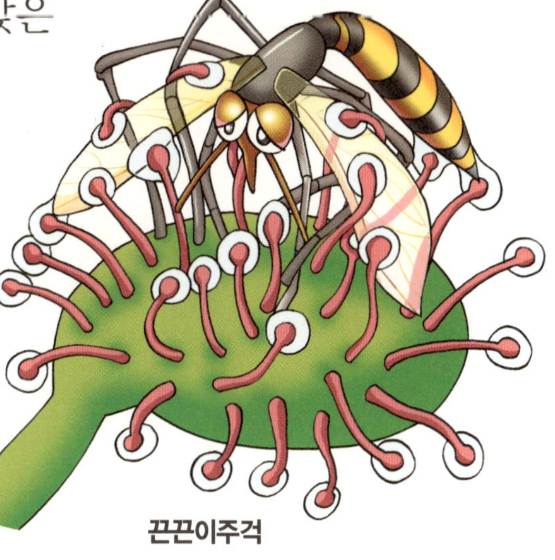

끈끈이주걱

　파리지옥은 올가미 작전을 펼쳐요. 조개 껍데기처럼 생긴 두 장의 잎 속에 벌레가 들어가면 그 순간 잡아

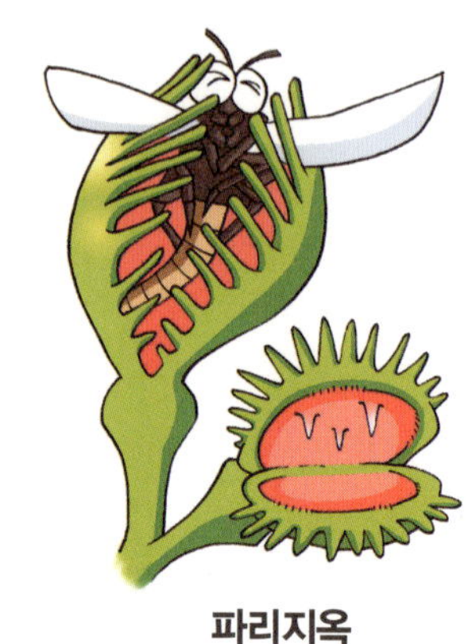

요. 마치 먹이를 잡으려는 동물과 같답니다.

　이렇게 잡은 벌레들을 소화액으로 녹이면 식충식물의 영양분이 돼요.

식물의 잎은 왜 녹색일까?

동물은 고기나 풀 등을 먹고, 다른 생물로부터 영양소를 얻어서 살아요. 그런데 먹이를 먹지 않는 식물은 어떻게 살 수 있을까요?

식물은 잎에서 스스로 영양소를 만들어요. 잎은 전분 등과 같은 영양소를 만드는 공장이라고 할 수 있어요. 이 공장에서 활약하는 것은 눈에 보이지 않을 정도로 작은

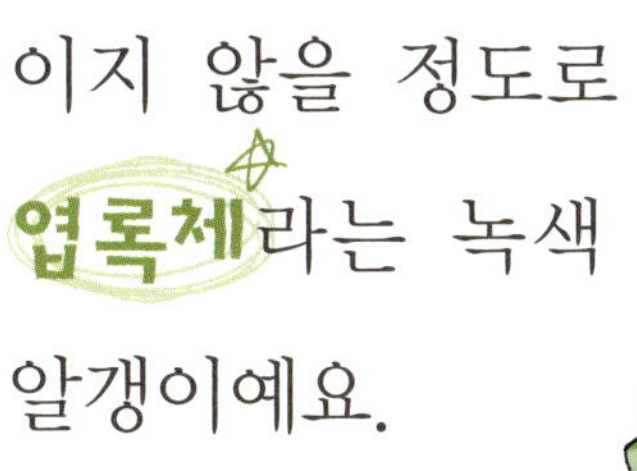

엽록체라는 녹색 알갱이예요.

잎이 녹색인 까닭은 그 안

에 엽록체가 많이 들어 있기 때문이지요. 엽록체는 태양
의 빛을 받아서 영양소를 만드는데, 이것을 '광합성'이라
고 해요. 식물은 가능한 한 많은 영양소를 만들기 위해서
녹색 잎을 크게 펼쳐서 많은 빛을 받으려고 해요.

꽃은 왜 필까?

작은 민들레나 제비꽃에서 큰 해바라기에 이르기까지 셀 수 없이 많은 꽃들이 피어요.

꽃에는 중요한 역할이 있어요. 바로 씨를 만들어서 자신들의 **자손**을 남기는 일이지요. 그래서 꽃 속의 **수술**과 **암술**이 중요한 일을 해요.

수술의 끝에서는 **꽃가루**가 만들어져요. 이 꽃가루가 암술의 끝에 달라붙으면 열매를 맺고 씨를 만들어요. 꽃의 수술은 가능한 한 많은 암술에게 꽃가루를 보내고 싶어 하지만 식물은 스스로 자유롭게 움직일 수가 없

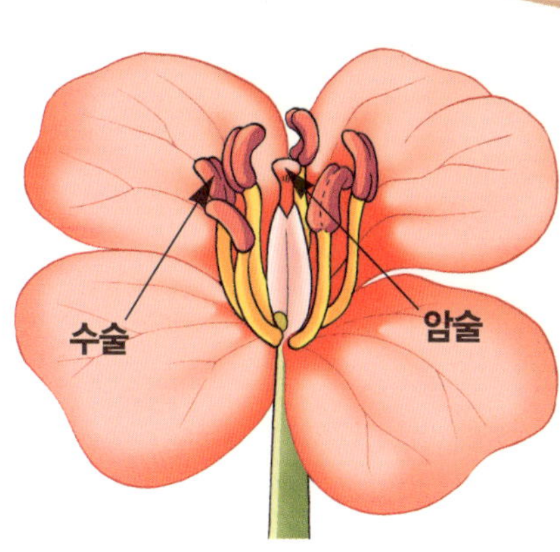

어요.

　그래서 꽃은 화려한 색깔이나 좋은 향기, 달콤한 꿀로 나비 등의 곤충이나 새를 불러요. 이 친구들의 몸에 꽃가루를 묻혀서 많은 암술에게 보내고 싶거든요.

　또한 소나무처럼 많은 꽃가루를 바람의 힘으로 멀리까지 날리기도 해요. 이렇게 꽃은 여러 가지 방법으로 꽃가루를 암술에게 보낸답니다.

식물도 숨쉬기를 할까?

사람을 비롯해서 동물들은 입이나 코로 숨쉬기를 해요. 그래서 공기 중의 산소를 몸으로 받아들이고 그 대신 이산화탄소를 내뱉어요.

마찬가지로 식물은 잎에 있는 구멍을 통해서 숨쉬기를 하는데, 산소를 받아들이고 이산화탄소를 내뱉어요. 이 구멍을 '기공'이라고 해요.

기공은 대단히 작아서 현미경을 이용해야만 볼 수 있어요. 잎의 뒷면에 많이 있는데, 낮에는 잘 열리고 밤에는 닫혀요.

"

　식물은 태양의 빛으로 광합성을 해서 영양소를 만들어요. 이때 숨쉬기와는 반대로 기공을 통해서 이산화탄소를 받아들이고 산소를 내뱉어요.

　이렇게 식물이 내는 산소가 없다면 동물은 숨쉬기를 할 수 없어요. 식물 덕분에 동물은 살아갈 수 있는 거예요.

야채 꽁다리 키우기

여러분은 매일 야채를 먹나요? 신선한 야채는 맛있어요.

식사 시간에 야채를 이용한 요리를 먹게 된다면 잘 살펴보세요. 틀림없이 요리하고 남은 부분이 있을 거예요.

당근이나 무의 위쪽, 양파의 아랫부분, 감자 껍질 등 야채의 버리는 부분을 가지고 재미있는 실험을 해 봐요.

실험은 아주 간단해요. 그림과 같이 물을 조금 담은 접시에 두는 것만으로 끝이에요. 감자는 팬 곳이 있는 부위를 중심으로 조금 잘라 달라고 하세요.

어떻게 될까요? 빠르면 2일에서 3일 만에 싹이 나고 잎이 자라고 뿌리가 나지요.

햇볕이 잘 드는 밝은 곳에 두면 그 뒤에도 계속 자라나요. 물이 줄어들면 조금씩 물을 더해 주면 돼요.

우리가 보통 먹고 있는 빨간 당근은 뿌리 부분이에요. 뿌리에는 영양분이 많이 들어 있어서 물을 주는 것만으로 줄기나 잎이 자라지요.

무의 아랫부분은 뿌리예요. 하지만 뿌리 위쪽의 파인 곳이 없고 반질반질한 부분은 줄기랍니다. 줄기에도 영양분이 많이 들어 있는데, 그 영양분을 이용해서 잎은 점점 자라요.

　양파는 흙 속에서 자라기 때문에 뿌리처럼 보이는데, 사실은 줄기와 잎이에요. 여기에 영양분이 들어 있어요. 가장 아랫부분은 싹과 뿌리가 생기는 곳으로, 여기에서 싹이 나고 뿌리가 나서 자라나요.

　감자의 싹이나 뿌리가 생기는 곳은 감자 껍질의 팬 곳이에요.

　이와 같이 야채의 꽁다리는 사람들이 먹지 않고 버리는 부위지만 야채에게는 아주 중요한 몸의 일부분이에요.

양파　　　　감자

음식과 생활

우유는 어떻게 요구르트로 변할까?

요구르트와 우유는 둘 다 하얗고 비슷하게 보여요. 사실 요구르트는 우유가 변신한 거예요. 우유를 맛있는 요구르트로 변신시키는 방법에는 작은 비밀이 있어요. 바로 유산균을 넣는 거지요. 유산균은 눈에 보이지 않을 정도로 작은 생물인데, 우유 속에 있는 젖당을 젖산으

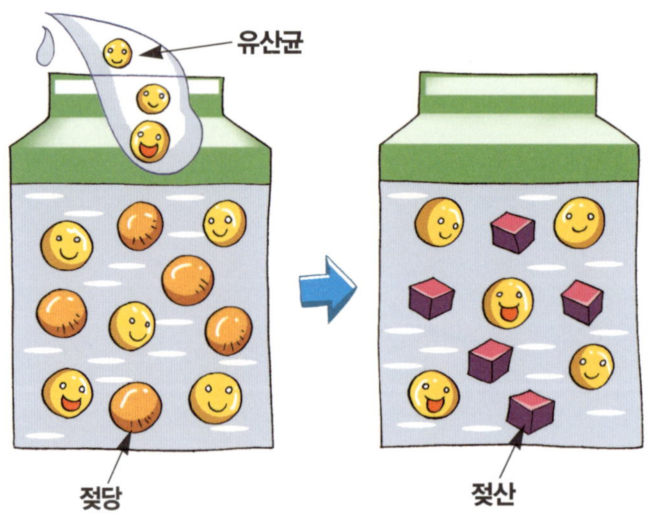

로 바꾸어 요구르트로 변
신시켜요.

이런 변신을 발효라고
해요. 우유가 발효하면
조금 신맛이 나는 부드
러운 요구르트가 돼요.

발효해서 만들어진 음
식으로는 요구르트 외에

도 된장, 간장, 청국장, 빵, 치즈 등 여러 가지가 있어요.
어른들이 마시는 맥주와 와인 같은 술도 발효해서 만든
거지요.

모두 유산균이나 효모 등의 작용으로 원래의 음식이 변
신을 한 거예요. 요구르트는 건강에 좋은 음식으로 유명

해요. 건강에
좋은 것도 요
구르트 안에
있는 균 때문
이에요.

껌은 어떻게 만들까?

　과자에도 여러 종류가 있어요. 씹은 다음 버리는 껌은 뭔가 재미있는 과자 같아요.

　옛날 멕시코 등에 살던 사람들이 사포딜라의 나무껍질에서 얻은 즙을 모아서 굳힌 다음 씹었는데 이것이 껌의 시작이에요. 이 덩어리를 치클이라고 했는데, 껌처럼 맛은 없었지만 씹는 재미가 있었어요. 또 치클을 씹는 것으로 목마름을 가시게 했다고 해요.

　150여 년 전 미

국에서 치클에 단맛을 첨가하고 '추잉검'이라는 이름을 붙여서 팔았어요. 이것이 인기를 얻어서 껌이 되었어요. 지금은 껌의 원료로 천연 치클 외에 인공으로 만든 재료도 사용해요.

요즘에는 충치의 원인이 되는 설탕을 쓰지 않고 천연 감미료인 **자일리톨**을 이용한 껌도 있어요.

가벼운 나무나 스티로폼을 물에 넣으면 어떻게 될까요?

물에 둥둥 뜨지요.

하지만 무거운 철 덩어리라면 어떻게 될까요?

금방 가라앉을 거예요.

그런데 무거운 철로 만든 큰 배는 가라앉지 않고 어떻게 물에 뜰까요?

그 비밀은 배 모양에 있어요.

배는 철로 만들었지만 내부까지 모두 철로 돼 있는 것은 아니에

요. 배 안은 비어서 밥그릇과 같은 모양을 하고 있어요. 크기에 비해 가볍기 때문에 물에 뜨는 거예요.

만약 배 안에 물이 들어가면 무거워서 가라앉아요.

집에 있는 **알루미늄 호일**을 이용해서 간단한 실험을 해 보세요.

알루미늄 호일을 작고 예쁘게 접어서 물에 넣으면 가라앉아요. 알루미늄 호일로 배나 밥그릇 모양으로 만들어 물에 넣으면 어떨까요?

알루미늄 호일이 어떤 모양일 때 물에 뜨는지 여러 가지 모양을 만들어서 실험하면 재미있어요.

우리는 얼굴이나 손을 씻을 때 비누를 사용해요. 물로는 씻기지 않는 더러운 것들이 비누를 사용하면 마법처럼 깨끗해져요.

몸에 달라붙은 더러운 것들이 물에 잘 씻기지 않는 까닭은 몸에서 나온 기름이 섞여 있기 때문이에요. 기름은 물과 사이가 나빠서 서로 퉁겨내기 때문에 물만으로는 깨끗하게 씻을 수가 없어요. 그래서 비누가 필요해요. 비누는 기름과도 물과도 사이가 좋거든요.

비누로 거품을 낸 물은 기름이 섞인 더러운 것들과도 잘 달라붙고, 비누로

둘러싸인 더러운 것들은 결국 몸에서 떨어지게 돼요.

그래서 거품을 물로 씻어 내면 더러운 것들도 함께 흘러내려 깨끗하게 돼요.

그릇이나 옷에 달라붙은 기름때도 비누로 씻으면 깨끗해지는데 이것도 같은 이유 때문이에요.

옛날에는 고기를 구웠을 때 떨어지는 기름과 모닥불의 재를 섞어서 더러운 것을 씻어 내거나 빨래를 했어요. 비누의 시작이라고 할 수 있지요. 지금도 비누는 기름을 이용해서 만들어요.

한번 사용한 폐식용유를 이용해서 만든 비누도 있어요. 기름을 이용해 만든 비누로 기름때를 없앨 수 있다니 참 신기하지요.

물건과 물건이 마찰하면 전기가 생겨요. 이것을 **정전기**라고 해요.

추운 겨울날 스웨터를 벗으면 찌이익, 하는 소리가 날 때가 있어요. 스웨터와 그 밑에 입고 있던 셔츠가 마찰해서 생기는 정전기예요.

스웨터를 벗을 때 모여 있던 정전기가 스웨터와 셔츠 사이를 흐르면서 찌이익 소리를 내는 거지요. 어두운 방이라면 '반짝' 하는 불빛도 볼 수가

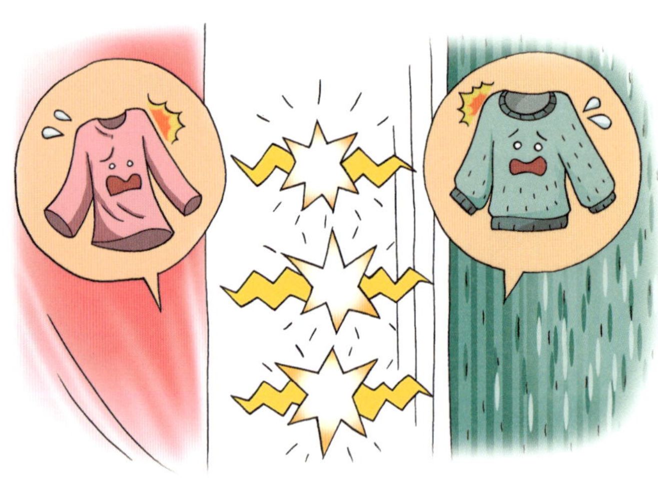

있어요. 겨울에 방문 손잡이를 잡으면 찌릿할 때가 있는데 이것도 정전기 때문이에요.

옷이 마찰하면서 모여 있던 정전기가 손가락을 통해 손잡이로 흐른 거예요.

겨울에 정전기가 잘 생기는 까닭은 공기가 건조해서 정전기가 잘 모이기 때문이에요. 공기가 축축하면 정전기는 공기 중으로 달아나 잘 모이지 않아요.

빛은 얼마만큼 빠를까?

불꽃놀이를 본 적이 있나요?

먼저 불꽃이 화려한 모습으로 터지고 그 다음에 '방탕탕' 소리가 나요. 이런 신기한 현상은 빛이 소리보다 훨씬 빠르기 때문에 생겨요.

불꽃이 폭발하는 순간 빛과 소리는 동시에 출발해요. 그런데 빛은 우리들의 눈에 바로 전달되지만 소리는 조금 느리게 도착하거든요.

소리와 빛의 속도는 공기 중에서 어느 정도 빠를까요? 소리는 1초에 약 340미터 나아갈 수 있어요.

그런데 빛은 1초에 약 30만 킬로미터나 나아가요. 1초

동안 지구를 7바퀴 반이나 도는 셈이죠. 정말 대단하죠?

소리보다 빠르게 나는 제트기가 있지만 빛보다 빠른 것은 세상 어디에도 없어요.

빛은 우주에서 가장 빨라요. 그러나 이렇게 빠른 빛이라도 태양에서 지구까지 도착하는 데는 약 8분 걸려요. 그리고 밤하늘에 빛나는 별의 빛 가운데에는 몇 만 년에 걸쳐서 지구에 도착한 빛도 있어요.

예를 들어 안드로메다은하에서 출발한 빛은 약 230만 년에 걸쳐서 도착했어요. 약 230만 년 전에 태어난 빛이 먼 길을 여행하고 지금 드디어 지구에 도착해서 우리 눈에 보이는 거예요.

혹시 팔이나 다리를 다쳐서 뢴트겐 사진을 찍은 적이 있나요? 몸속을 사진으로 찍을 수 있다니 정말 신기한 일이에요.

뢴트겐 사진을 찍을 때는 X선이라는 특별한 빛을 사용

하지요. 보통 빛이 유리를 통과하듯이 X선은 피부나 근육을 통과해요.

그러나 뼈는 X선을 통과시키지 않습니다. 그래서 뼈의 그림자가 사진에 찍히는 거예요. 뢴트겐 사진은 뼈뿐만 아니라 폐나 위 등 내장의 모습도 찍을 수 있어요. 그래서 볼 수 없는 몸속의 병을 찾을 때 큰 도움을 주지요.

뢴트겐 사진의 이름은 X선을 발견한 독일의 학자 빌헬름 뢴트겐의 이름을 따서 지었어요. 뢴트겐은 X선을 발견해서, 1901년 제1회 노벨상을 받았어요.

위대한 과학 위인 ❶

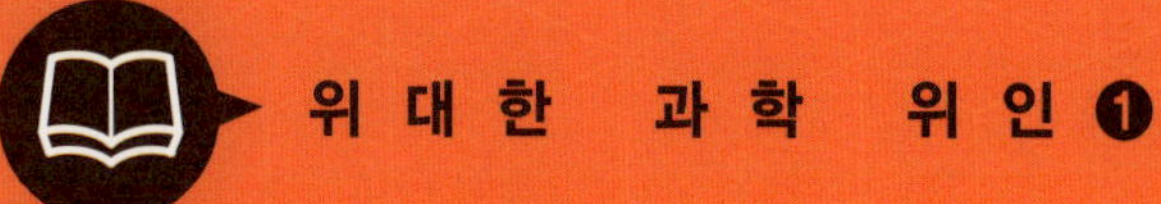

2번의 노벨상을 받은 여성 과학자

마리 퀴리

(1867~1934)

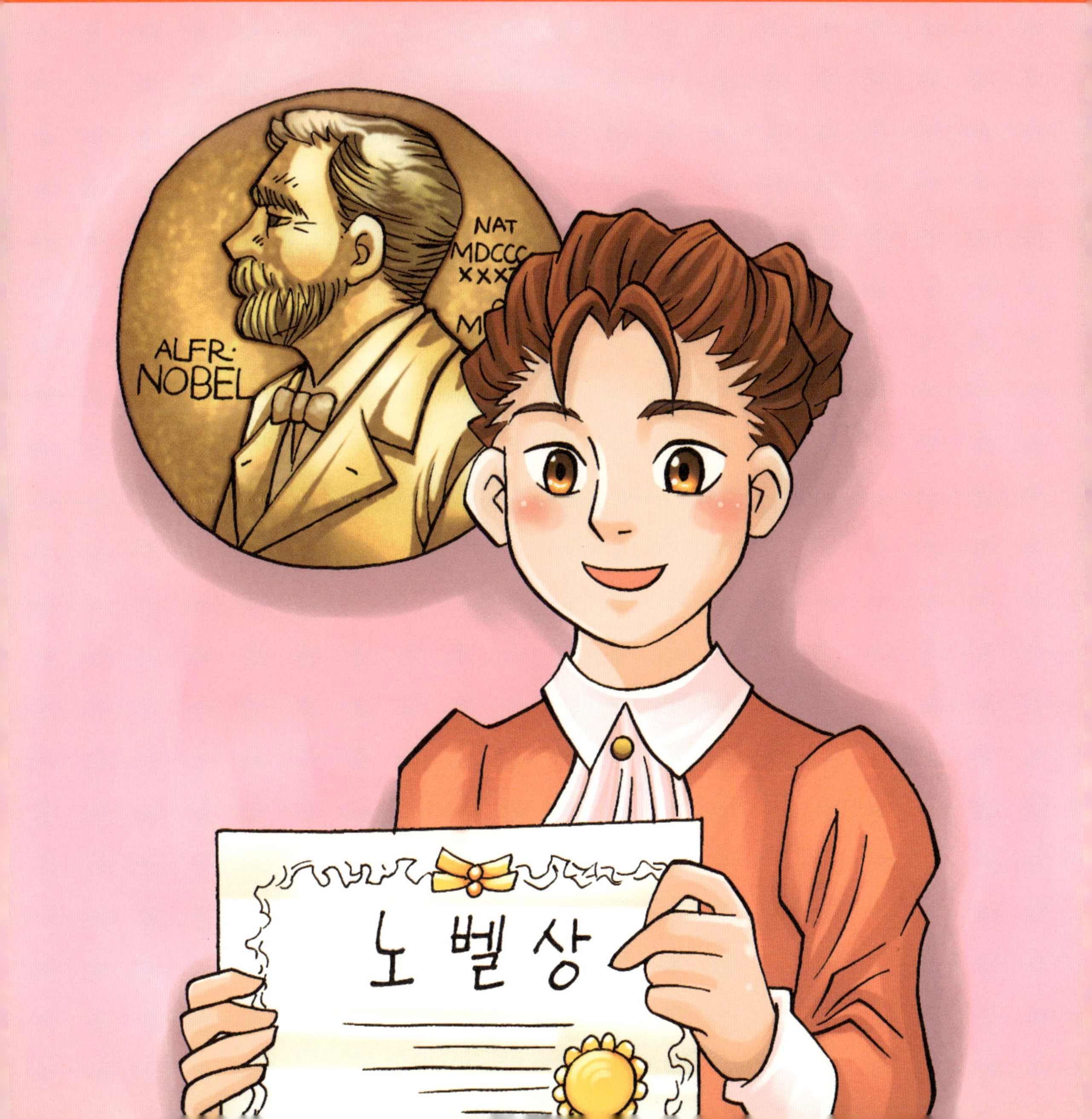

　5남매의 막내인 마냐는 폴란드에서 태어났어요. 마냐는 단발머리가 잘 어울렸는데 어렸을 때부터 언니들이랑 공부하는 것을 좋아했어요.

　아버지가 중학교 과학 선생님이어서 집에는 과학 실험 도구가 많았어요.

　둥근 플라스크, 삼각 플라스크…… 여러 가지 실험 도구를 보고 있으면 마냐의 마음은 두근거렸어요.

　"나도 아버지처럼 어려운 실험을 하고 싶어."

　그러던 어느 날 슬픈 일이 생기고 말았어요. 아버지가 그만 일을 그만두게 되신 거예요.

마냐의 집은 가난해졌어요. 게다가 병을 앓고 있던 어머니는 마냐가 10살 때 돌아가시고 말았어요.

언니 브로냐는 대학에 가는 것을 포기할 수밖에 없었어요.

"불쌍한 언니, 내가 언니의 꿈을 꼭 이뤄줄 거야."

마냐는 학교를 졸업하면 가정교사가 되어, 자신이 번 돈으로 언니가 공부를 계속할 수 있도록 도와주기로 결심했어요.

학교를 1등으로 졸업한 마냐는 멀리 떨어진 시골 마을에서 공부를 가르쳤어요.

"사실 나도 공부를 좀 더 하고 싶지만…… 그래도 지금은 어쩔 수 없어. 언니를 위해서 열심히 일해야지!"

그렇게 몇 개월이 지나고 어느 날, 아버지가 새 직장을 구했다는 반가운 편지를 받았어요.

"다행이야! 나도 다시 공부를 할 수 있겠어!"

집으로 돌아온 마냐는 사촌이 운영하는 과학 교실에 기쁜 마음으로 다녔어요.

"아, 과학 실험은 너무 즐거워! 알지 못했던 것을 하나씩 알아가다니…… 과학이란 참 멋진 공부인 것 같아!"

그리고 마냐는 마음속으로 다짐을 한 가지 하였어요.

'프랑스에 있는 대학에 가자!'

당시 마냐의 나라에서는 대학을 가는 여자가 거의 없었어요.

그러나 마냐는 자신의 꿈을 위해 6년 동안 돈을 모으면서 공부를 했어요. 그리고 드디어 입학하기 어려운 프랑스 소르본 대학에 합격했어요.

마냐는 프랑스에서 마리라고 불렸어요.

과학자의 길을 걷기 시작한 마리는 어떤 어려운 실험 앞에서도 실망하거나 포기하지 않고, 열심히 해서 학교에서도 유명해졌어요. 그리고 그런 마리의 모습은 우수한 물리학자인 피에르 퀴리의 마음을 사로잡게 되었어요.

'마리, 정말 너무 멋진 아가씨군.'

그리고 어느 날, 퀴리는 마리에게 이렇게 말했어요.

"마리, 나와 결혼해 주지 않겠소?"

그렇게 두 사람은 결혼을 하고 새로운 연구를 함께했어요.

마리가 남편과 함께한 연구는 어둠 속에서도 빛을 내는 돌에 관한 연구였어요. 돌 속에서 빛을 내는 원인은 라듐이었어요. 라듐이 강한 힘을 가진 물질이라는 것은 알았지만 그 외의 정체는 잘 알지 못했어요. 그래서 라듐의 정체를 알아내기 위해 돌에서 라듐을 빼내야 했지만 무척 어려운 일이었어요.

라듐을 가지고 있는 돌을 많이 모아서 갈아 뭉개고 냄비에 녹이고 막대기로 온종일 젓고…… 엄청나게 힘든 작업이었어요.

"정말 힘들군. 마리, 아무리 힘들어도 우리 꼭 해내자고!"

"네, 우리 포기하지 말고 계속 해 봐요!"

그렇게 힘든 실험은 3년 넘게 계속되었어요.

"여보, 이거 봐요! 라듐을 추출했어요!"

"드디어 해냈다! 라듐의 정체를 이제 알게 되었어!"

결국 마리와 남편 피에르는 라듐을 분리하는 데 성공했어요. 이 라듐은 훗날 암 치료에 도움을 주기도 했어요.

라듐에 관한 연구로 두 사람은 노벨상을 받았어요. 여성이 노벨상을 받은 것은 처음 있는 일이었어요.

마리는 두 아이의 엄마가 된 후에도 연구를 계속했어요.

남편인 피에르가 마차에 치어 죽은 슬픈 사고 뒤에도 그 슬픔을 이겨내고, 연구를 계속해서 두 번째 노벨상을 받았어요.

'세계의 행복을 위해서……'

마리는 늘 이렇게 기도하면서 이 세상을 떠날 때까지 자신이 가장 좋아했던 연구를 계속했어요.

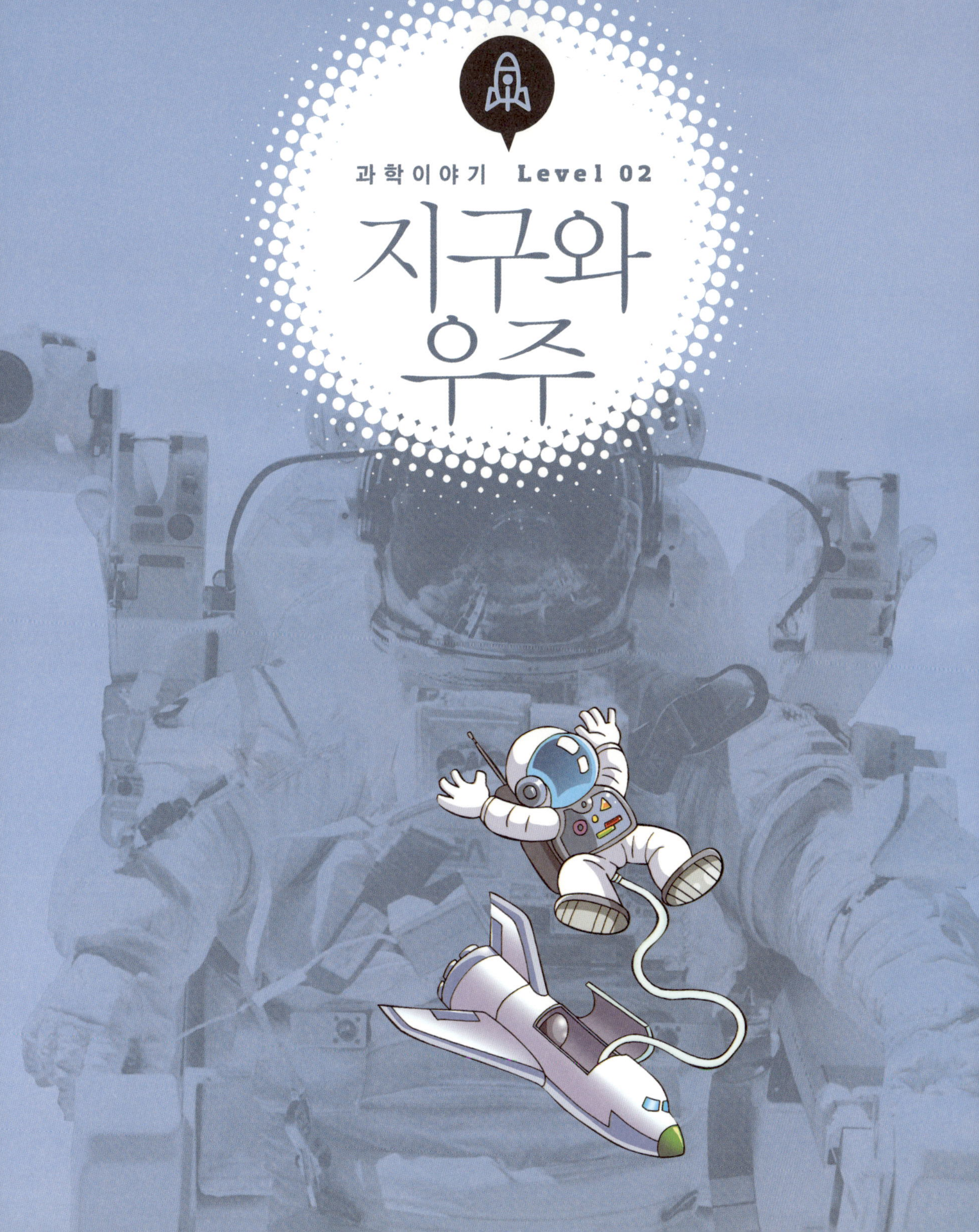
과학 이야기   Level 02
지구와
우주

구름은 어떻게 만들어질까?

하늘에 뭉게뭉게 떠 있는 솜사탕과 같은 구름. 구름은 작은 물과 얼음 알갱이로 이루어져 있어요. 맑은 날에는 많은 알갱이가 햇빛에 비추어져 흰 구름으로 보여요.

물과 얼음 알갱이는 원래 바다, 강, 호수, 지면에 있었던 물이에요. 물은 태양의 열로 데워져서 눈에 보이지 않는 수증기가 되고, 점점 하늘로 올라가지요.

수증기는 하늘의 차가운 공기에서 식어 물과 얼음의 작은 알갱이가

돼요. 그 작은 알갱이가 많이 모여서 구름이 된 거예요.

구름 속의 물 알갱이는 대단히 작고 가벼워서 뭉게뭉게 떠 있어요.

그러나 점점 그 알갱이끼리 뭉쳐서 커지면 무거워져서 다시 땅으로 내려온답니다.

벼락은 어떻게 칠까?

번쩍 빛을 내고 '우르르 쾅' 하는 큰 소리를 내는 벼락. 사람 가까이에 떨어지면 큰일이 나요. 벼락의 정체는 구름 안에 모인 전기예요. 전기가 구름에서 땅으로 흐르는 방전 현상을 '벼락'이라고 해요.

벼락은 어떻게 떨어지는 것일까요?

벼락을 만드는 것은 몽글몽글한 혹 모양으로 커지면서 솟는 쌘비구름(적란운)이에요. 쌘비구름 속에서는 구름 속 얼음 알갱이가 심하게 부딪히면서 전기를 만들어요. 그리고 구름이 커지면서 전기를 모아요. 더 모을 수 없을

정도가 된 전기가 구름과 땅 사이를 단숨에 흐르면 벼락
이 돼요.

이때 강한 전기로 번쩍 빛이 나는데 바로 이것이 '번개'

예요.

　번개가 지그재그 모양인 까닭은 전기가 공기 중에서 똑바로 나아가지 못하고 지그재그로 나아가기 때문이에요. 번개가 치면 공기가 심하게 흔들려요. 이러한 공기의 울림이 '천둥'이에요.

　벼락이 떨어지는 구조는 스웨터가 겨울에 정전기를 일으키는 것과 같아요. 벼락도 정전기라고 할 수 있어요. 거꾸로 말해서 스웨터의 정전기는 작은 벼락인 셈이에요.

'산성비'는 무엇일까?

산성비라는 말을 들은 적이 있나요?
산성비는 보기에는 보통 비와 똑같아요.
하지만 아주 나쁜 비예요.
산성비에는 금속이나 콘크리트, 대리
석을 녹이는 성질이 있어요. 그래서 바
깥에 둔 조각이나 오래된 훌륭한 건물이 녹을 수 있어요.

또한 육교 등의
콘크리트가 녹아
서 고드름처럼 달
려 있는 것을 보았
다면 그 까닭은 산
성비 때문이에요.

산성비는 생물에도 엄청난 피해를 줘요. 나무가 시들고 숲이 없어지고, 강이나 호수

에는 물고기가 살 수 없게 돼요. 이렇게 무서운 산성비는 왜 내리는 것일까요?

산성비의 원인은 자동차나 공장에서 나오는 배기가스예요. 하늘에 올라간 배기가스가 비 알갱이와 섞여서 산성비를 만드는 기예요.

산성비를 막기 위해서 배기가스나 연기를 깨끗하게 하는 연구가 진행되고 있어요.

최근에는 배기가스를 내지 않고 달리는 전기자동차도 등장했어요.

화산은 왜 분화할까?

텔레비전을 보면 화산이 분화해서 연기가 뭉게뭉게 올라가고 빨간 용암이 흘러내리는 장면을 볼 수 있어요. 그런 장면을 보면 정말 거대한 자연의 힘이 느껴져요.

화산의 분화는 왜 생길까요? 먼저 땅 아래 깊은 곳에서 암석이 질척질척하게 녹은 마그마가 만들어져요. 이 마그마는 조금씩 위로 올라와 땅 가까이에 모여요. 모인 마그마가 땅을 뚫고 나오는 것이 분화예요.

분화가 일어나면 산꼭대기에서 연기와 더불어

돌과 재 등이 떨어지고, 빨간 마그마가 용암이 되어서 흘러 떨어져요.

질척질척하게 녹은 용암은 엄청나게 뜨겁고, 온도는 1,000도나 돼요. 그래서 화산이 분화할 것 같으면 주변 사람들은 빨리 안전한 곳으로 피해야 해요.

한반도에는 백두산과 한라산 등의 화산이 있어요.

지진은 왜 일어날까?

갑자기 땅이 흔들리는 지진이 생기다면 깜짝 놀랄 거예요. 지진이 일어나는 것은 땅이 늘 조금씩 움직이기 때문이에요. 땅이 움직인다니? 믿기 힘들다고요?

먼저 지구가 어떤 구조로 이루어져 있는지 살펴보아요. 둥근 지구의 겉면은 수십 장의 아주 큰 판 모양의 바위로 덮여 있어요. 이런 나무판 모양의 바위를 플레이트라고 해요.

플레이트는 지구 안을 천천히 돌고 있는 맨틀이라는 암석 위에 올라 1년에

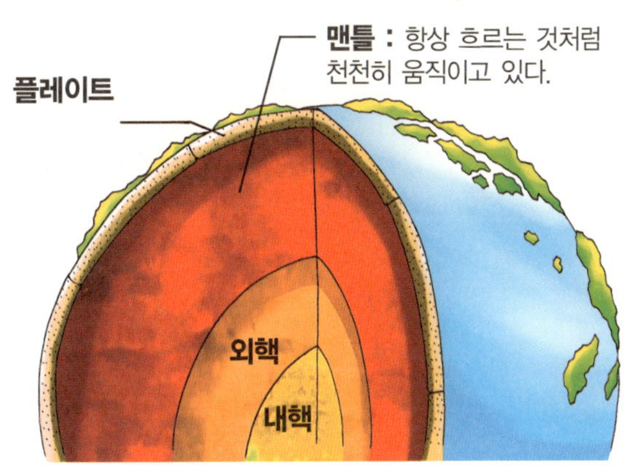

113

2~20센티미터 정도 움직여요.

　지진은 플레이트끼리 부딪히는 지하의 깊은 곳에서 일어나요. 부딪쳐서 조금씩 휘어진 플레이트가 아래로 내려가게 되는데, 내려간 플레이트가 용수철처럼 원래의 위치로 되돌아가려고 할 때 큰 지진이 생겨요.

　이 밖에도 지하의 얕은 곳에 만들어진 땅이 어긋나서

지진이 일어나기도 해요. 또 화산이 분화했을 때도 지진이 생겨요.

이웃 나라 일본은 지진이 매우 많이 생기는 나라예요. 왜냐하면 일본이 플레이트로 둘러싸인 곳에 위치하고 있기 때문이에요.

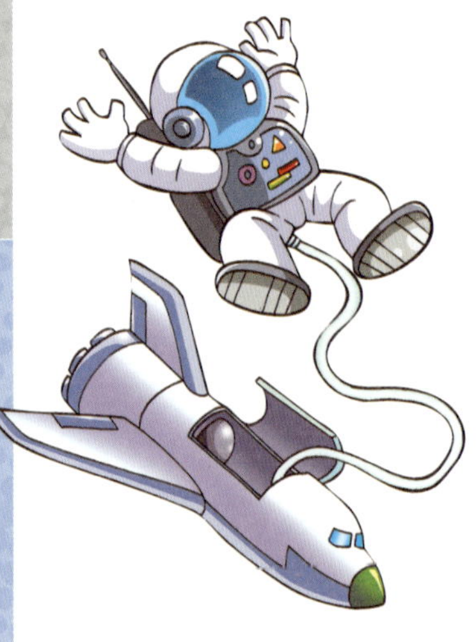

우주왕복선이나 우주 정거장에서 밖으로 나가 우주 공간을 두둥실 떠다니면서 활동하는 우주비행사. 큰 헬멧을 쓰고 땅딸막한 우주복을 입은 우주인을 보면 움직이는 것이 불편해 보여요.

왜 이런 우주복을 입은 것일까요?

바로 우주가 우리들이 사는 지구와는 전혀 다른 곳이기 때문이에요.

우주와 지구는 어떻게 다를까요?

먼저 우주에는 공기가 없어서 거의 진공 상태예요. 진공 상태에서는 숨을 쉴 수가 없을 뿐만

116

아니라 몸속의 수분이 끓어서
사람은 죽어 버려요.

온도의 변화도 심해서 마이
너스 150도에서 플러스 120도까
지 내려가기도 하고, 올라가기
도 해요. 또한 태양으로부터
받는 빛(우주방사선)도 대단
히 강해서 위험해요.

이렇게 위험한 곳에서 인간의 몸을 지키기 위해 만든 것
이 우주복이에요. 우주복은 특별한 천을 몇 겹으로 포개
어 만들었기 때문에 더위와 추위에서 몸을 지킬 수 있고
그 안의 공기를 달아나지 않게 해요.

빙글빙글 돌린 튜브에 물을 흐르게 해서 몸을 식히는 장
치도 있어요.

우주복에는 숨을 쉴 수 있도록 산소를 보내는 장치, 오
줌을 모으는 장치, 외부와 이야기를 할 수 있는 통신기 등
여러 장치가 있어요.

이렇게 우주복은 우주 공간에서 오랜 시간 동안 활동할

수 있도록 만들었어요.

  그래서 우주복의 무게는 자그마치 100킬로그램이 넘는다고 해요. 물론 우주복을 입고 지구의 땅에서는 절대 움직일 수가 없어요.

  하지만 우주에서는 **무게**를 느낄 수 없기 때문에 가능해요. 움직이는 데 약간 불편하기는 하지만요.

외계인은 정말 있을까?

우주에는 셀 수 없을 정도로 많은 별이 있어요. 우리들이 살고 있는 지구도 우주의 별 중 하나랍니다. 그렇다면 인간이 사는 지구처럼 외계인이 살고 있는 별이 또 있을까요?

먼저 지구처럼 태양 주변을 돌고 있는 별(행성)을 살펴보아요. 수성이나 금성은 태양열 때문에 온도가 대단히 높고, 산소와 물이 없기 때문에 사람이 살 수 없어요.

옛날에는 화성에 화성인이 살고 있다고 생각한 적이 있어요.

그러나 화성은 온도가 마이너스 50도나 될 정도로 너무 춥고 공기도 없었어요.

지구에서 탐사선을 보내서 조사했을 때도 생물은 발견되지 않았지요. 목성이나 토성 등 나머지 행성은 가스로 이루어져 있어서 사람이 살 수 있는 땅이 없어요.

그렇다면 태양에서 멀리 떨어진 별은 어떨까요? 특별한 망원경으로 관찰하면서 여러 가지 조사가 이루어졌어요.

그러나 산소와 물이 있고 덥지도 춥지도 않아서 생물이 살 수 있는 별은 아직 발견되지 않았어요. 그렇다면 외계인은 없다고 생각하는 것이 좋을까요?

아니에요. 아직은 알 수 없어요. 우주는 한없이 넓어서 어딘가에는 외계인이 살고 있을지도 몰라요.

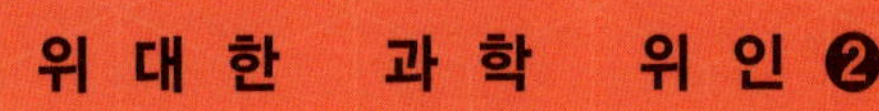

세계의 평화를 위해 만든 노벨상

알프레드 노벨

(1833~1896)

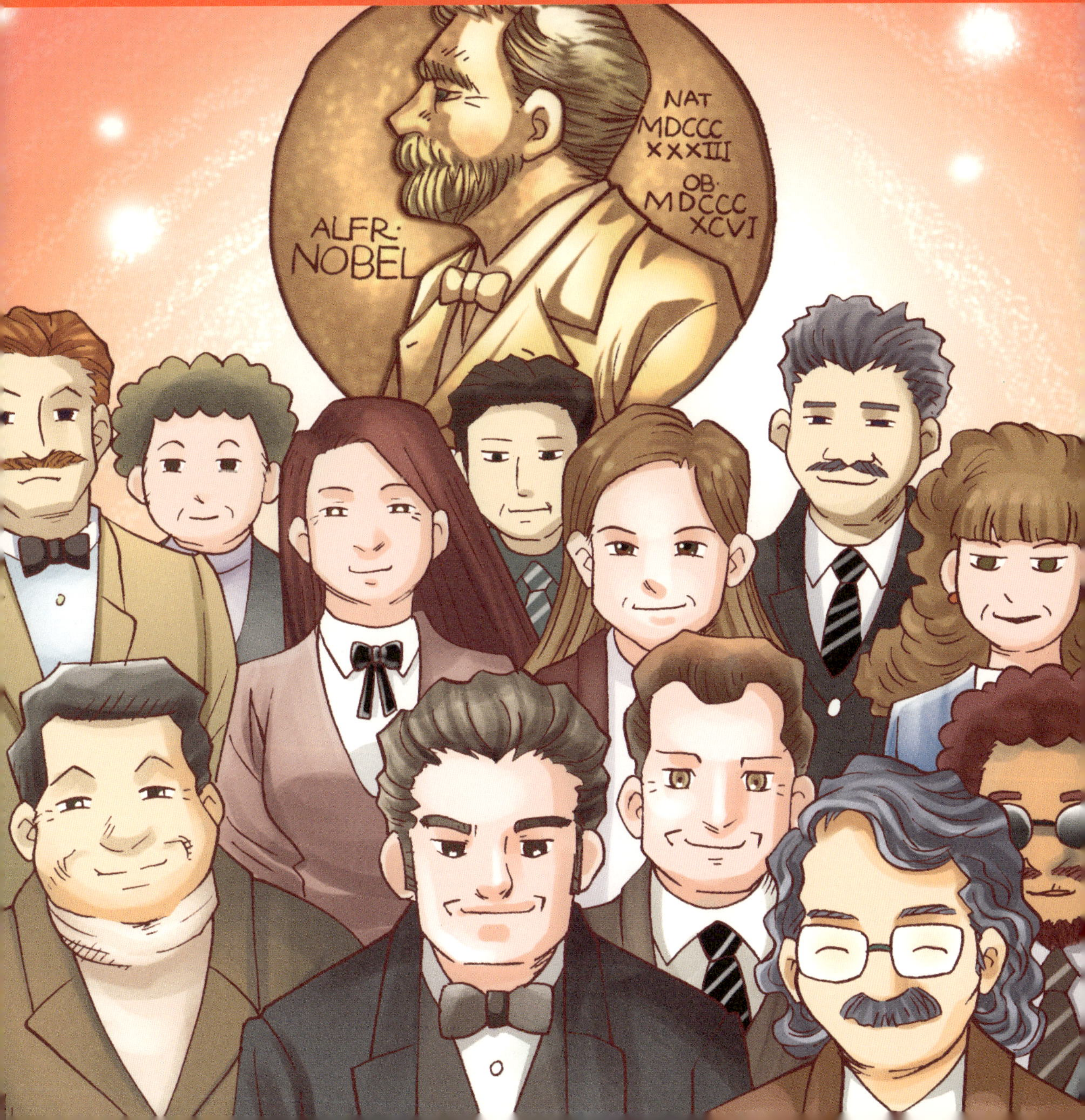

　여러분은 노벨상을 알고 있나요? 노벨상은 매년 세계에서 가장 우수한 연구나 평화를 위해 멋진 행동을 한 사람이나 단체에게 주는 상이에요.

　노벨상은 노벨이란 사람의 이름을 따서 만든 상이에요. 노벨상을 만든 알프레드 노벨은 어떤 사람이었을까요?

　노벨은 스웨덴에서 태어났어요. 어머니와 두 형과 함께 살고 있었는데 아버지는 발명가였어요. 아버지는 자신이 만든 발명품을 인정받기 위해서 세계를 돌아다녔기 때문에 늘 집에 안 계셨어요.

그러던 어느 날 아버지로
부터 이런 내용의 편지를
받았어요.

『애들아, 내가 만든 발명
품이 드디어 외국에서 인
정받게 되었단다! 이번에
야말로 성공을 한 거야!』

노벨이 9살 때 일이었어
요. 노벨의 가족은 이제 같이 살게 되었어요.

노벨은 아버지의 발명품을 보고 깜짝 놀랐어요.

아버지가 만든 발명품은 바로 폭약이었어요. 폭약은 큰 폭
발을 일으킬 수 있는 화약이에요.

"아버지, 폭약은 전쟁에서 쓰는 거 아닌가요?"

"폭약은 사람을 죽이기 위해서 쓰는 것이 아니란다. 적이 우
리나라에 침입하지 않도록 폭약을 설치해 두는 거란다."

아버지의 설명을 들은 노벨은 조금 안심하였어요.

아버지의 발명으로 노벨의 가족들은 부자가 되었고, 동생
에밀도 태어났어요. 그리고 전쟁이 끝나자 폭약은 더 이상 사
용되지 않게 되었어요.

그래서 노벨은 아버지에게 아이디어를 내었어요.

"폭약을 좀 더 좋은 일에 사용하면 어떨까요? 도로나 철도를 건설할 때 터널을 뚫거나 큰 돌을 깨는데 폭약을 쓰면 좋을 것 같아요."

이렇게 노벨은 아버지의 일을 도우면서 폭약에 관한 연구를 하게 되었어요.

그 당시의 폭약은 니트로글리세린이라는 액체로 이루어져 조금 흔들리기만 해도 폭발하는 위험이 있었어요.

노벨은 늘 이 문제를 걱정했는데, 어느 날 공장에서 폭발이 일어났어요. 이 사고로 공장 안에 있던 동생 에밀이 죽고 말았어요.

“에밀…… 너를 위해 이 형이 안전한 폭약을 만들고 말겠어!”

슬픔에 잠긴 노벨은 이렇게 결심하고, 연구실에서 밤낮으로 안전한 폭약을 만드는 실험을 했어요.

‘그래, 니트로글리세린의 수분을 흙과 같은 것에 흡입시켜서 굳히면 안전하게 폭약을 운반할 수 있을 거야!’

노벨의 실험은 성공했어요. 이것이 바로 다이너마이트의 탄생이에요. 다이너마이트는 예전의 폭약과 비교해서 힘도 세고 옮길 때도 안전했어요. 그래서 세계의 여러 회사에서 인기가 높았어요.

'폭약을 좋은 일에 쓰고 싶다.'는 노벨의 꿈은 이루어지는 것 같았어요.

그런데 다시 전쟁이 시작되면서 노벨의 꿈은 무참하게 깨졌어요. 다이너마이트는 전쟁터에서 사람을 죽이는 무기로 사용되었어요.

"평화를 바라는 나의 소원은 영영 이루어질 수 없을까?"

노벨의 마음은 너무 아팠어요. 그리고 그 아픔은 아무리 시간이 흘러도 낫지 않았어요. 많은 시간이 지난 뒤, 노벨은 죽기 전에 한 통의 편지를 남겼어요.

『내가 발명해서 번 돈을 매년 평화를 위해서 일한 사람에게 주십시오. 그 사람들을 위해 상을 만들고 상금으로 사용하십시오.』

이렇게 노벨상이 탄생한 거예요. 노벨은 미래에 자신의 꿈을 이루게 된 거죠.

노벨상은 평화를 원하는 노벨의 마음이 담겨 있는 상이라고 할 수 있어요.